21世纪高等职业教育 规划教材 双证系列

服饰绘画表现技法

FUSHI HUIHUA BIAOXIAN JIFA

杨秋华　著

上海交通大学出版社
SHANGHAI JIAO TONG UNIVERSITY PRESS

内 容 提 要

本书是21世纪高等职业教育规划教材形象设计专业双证系列之一。按照我国高等职业教育的培养目标，强调培养形象设计人员的实际应用能力。本书以人物造型绘画技法为核心内容，介绍如何表现形象设计效果，主要内容包括：服饰绘画基础表现、人体结构比例及各部位关系、发型服饰配件表现、服饰绘画的色彩表现方法、不同材料及风格表现以及实际应用等方面的内容。书中以大量精美、生动的形象设计效果图作品为参照，以实用、详尽的步骤为特色，以作者多年形象设计艺术实践和效果图创作经验为重点，将服饰绘画的各种表现方法和注意要点全面、立体地呈现给读者。

本书实用性较强，适用于各类大中专院校形象设计专业及相关专业的学生及从事形象设计行业的专业人士。同时本书涵盖了时装画技法的全部内容，可以作为服装专业学生的技法教材和自学用书，而且书中加入了舞台人物形象设计的服饰及造型表现，为服装专业学生提供了更为广阔的学习空间。

图书在版编目(CIP)数据

服饰绘画表现技法/杨秋华著. —上海:上海交通大学出版社,2010

ISBN 978-7-313-06585-8

Ⅰ.①服… Ⅱ.①杨… Ⅲ.①服装-绘画-技法(美术) Ⅳ.①TS941.28

中国版本图书馆CIP数据核字(2010)第115914号

服饰绘画表现技法

杨秋华 著

上海交通大学出版社出版发行

(上海市番禺路951号 邮政编码200030)

电话：64071208 出版人：韩建民

上海锦佳装璜印刷发展公司印刷 全国新华书店经销

开本：889mm×1194mm 1/16 印张：7.25 字数：131千字

2010年6月第1版 2010年6月第1次印刷

印数：1～3030

ISBN 978-7-313-06585-8/TS 定价：48.00元

前言

PREFACE

双证课程是近年来中国高等职业教育顺应时代的一个创新概念，是符合国家人才培养发展思路的。中国的高等职业教育一直在探索一种区别于普通本科教育的、具有时代特色的模式，双证课程体系的构建和推广将为中国高等职业教育提供一个良好的发展平台，并为规范和建立系统化、科学化的高职教育体系奠定坚实的基础。形象设计专业是一门新的学科，构建和规范课程体系将为形象设计行业人才的培养提供必要的保证，也将为中国形象设计行业的发展提供专业化、科学化的方法和思路。

近几年随着社会的发展和经济的繁荣形象设计迅速升温，形象设计是一门创造美的职业，良好的审美修养和绘画基础是对行业从业人员的基础要求，培训机构只是进行技术培训，而忽略了审美素质和绘画技法的培养，而专业设计院校的毕业生占从业人员总数的比例不足百分之一。由于专业市场的不规范，有关形象设计的专业教学用书也不够规范和系统化。为此，我们进行了“高等职业教育形象设计专业‘双证书’教学培养方案”的研究，针对行业的职业技能要求标准编写了一系列实用性、专业性强的教材。《服饰绘画表现技法》作为形象设计的专业基础课程之一，是衔接形象设计师与消费者的桥梁。服饰绘画表现技法是以整体人物造型为表现主体，展示被设计者通过发型、化妆、服装及服饰搭配后的效果、气氛，并具有一定艺术性、工艺技术性的一种特殊画种。该书借助绘画形式，从基础技法表现入手，从而达到锻炼设计师的素描、速写、色彩等绘画基础能力的目的。

本书是作者经过多年的探索和摸索，在实践中不断完善而成的。书中除署名作品外均为作者作品，书中采用了谢丽华、曾蕾、王子涵及周莹的作品，胡华勇参与本书的排版工作，在此一并表示感谢。由于时间紧迫，难免有不尽如人意之处，还望业内外人士批评指正。书中还选用了部分国内外优秀参考图片，绝大多数均在参考文献中标明出处，若有疏漏，敬请谅解。

作　者

2010年4月20日

目录

CONTENTS

1 服饰绘画所需的基础知识

1.1 服饰绘画的学习与研究

服饰绘画是以绘画作为基础手段来表现的，具有一定的审美性和艺术性。学习服饰画，需要一定的绘画及人物造型基础。其重点是体现出服装、化妆、发型、配饰与人体之间的统一关系，以及由此产生的视觉美感。初学者可以先掌握工艺平面图的技巧，然后逐步学习，掌握一定的绘画基础知识。如人物造型基础及一定的色彩表现基础等。除掌握一定的绘画技巧和时装画的技法之外，还必须掌握一定的时装方面的知识，如时装设计和时装工艺知识等。

1.1.1 服饰绘画的特征

服饰绘画主要体现设计师的构想、设计立意及风格特征等。在设计之前设计师要对所设计对象做出相应的判断，然后用笔将其体型、气质、着装及发型等描绘出来，把相对完整的设计构思表现在纸上。这样就避免了直接在人体上修改的麻烦，同时又可以直接将效果图拿给顾客看，从而提高工作效率。

服饰绘画和服装效果图的实质和内涵是基本一致的，都是借助绘画形式进行表达。不同的是服装设计图以服装造型为主，而服饰绘画却以人物的整体造型为主要表现对象，除了服装之外还要深入表现人物的化妆、发型及面部表情等。所以这就要求设计师必须熟练掌握面部五官及各个细节的绘画方法，不可忽略细部表现，如年龄特征、人种特征及性格特征等，以衬托出整体造型的效果。当然也不要在任何设计中都做到面面俱到的表现，还是应该根据造型的需要进行适度的选择，例如：在突出妆容的设计图中，就要突出脸部化妆的色彩、造型；在整体形象设计图中，其表现的重点应该放在服饰、发型上。

服饰绘画对于人体姿态常常会采用简练、概括的手法，而对于造型的表现却力求具体准确，从而达到主次分明和强化突出重点的目的。处理好上所述几点后，绘制时还可以通过构图、线条运用及各种技巧体现出设计者的个性和风格。

1.1.2 服饰绘画的形式美感

服饰绘画的造型基础，除人物造型之外，还包括形式美感等问题。化妆造型、服装款式、表现风格、人体表现、工具材料、表现技法等因素组成的整体艺术形式，是服饰绘画内容的体现。形式美感审美水平的提高，需要平时的日积月累，潜心研究。

服饰绘画形式感的处理，首先需要研究服饰绘画所表现的主题精神，即服饰绘画的内容部分。研究服饰绘画所表现内容的关系，然后从总体着眼，决定服饰绘画的表现风格，其次研究其各种关系因素，从而选定其所要表现的技法、工具材料，以及相应的表现形式。

1.1.3 服饰绘画的学习方法

服饰绘画的学习方法最常见和最有效的是“临画结合”法。

临摹是初学者入门学习的最佳途径和

行之有效的基本方法。临摹是掌握绘画技巧的一种方法，就像学习绘画要先临摹一样，但要注意的是临摹也并不是单纯地以表现结果为目的，更重要的是要学习别人的技巧。可以首先从临摹他人的效果图入手，这样可以直接学习到既有经验，另外还可以直接临摹造型摄影图片，这样可以弥补对于人体动态以及服饰面料掌握的不足。当然，在临摹的过程中一定不能以简单的机械复制为目的，要不断观察、分析、实践，才能不断进步。第二阶段是仿造的阶段。这个阶段要求学习者根据临摹阶段所掌握的方法，自己构想和创造。包心挑选，要求颜色完全一致，尤其是每天用过晚膳后，先用蛋清涂脸上的皱纹，到上床前半小时许洗掉，然后涂上忍冬花的蒸馏液，这一套美容程序就连现代美容师也望而兴叹。

东南沿海的美容化妆品小作坊，在唐、宋、元、明时代就已存在，但到了清代，规模才不断扩大。清代咸丰十一年(公元1861年)，在上海山西路南段老妙香粉局建立，以生产精制生发露油香粉等蜚声海内。同治元年(公元1862年)，杭州“孔凤春”化妆品店成立，生产贡粉，朝贡皇室。此外，在清朝民间，描眉、搽胭脂、染发等美容化妆的水平也比较高。

1.2 绘制用具及应用

服饰绘画使用的工具很多也很广泛，一般来说，在绘制初期选用常用工具中的某些工具，就完全可以满足基本的绘制要求了。工具材料大致分为常用工具、颜料、纸张及特殊工具。对于用特殊技法制作的造型图，可以运用一些特殊的工具，如计算机、喷笔工具等。

1.2.1 笔类

铅笔——铅笔的种类较多，有软硬之分，一般可选用B型的黑色绘图铅笔进行起草稿。彩色铅笔有水溶性彩铅和不溶性彩铅两种，且色彩种类繁多。水溶性彩铅，可以在绘制后，利用清水渲染而达到水彩的效果，同时也可作一般彩色铅笔使用（图1.1）。

图1.1

钢笔——钢笔是勾线以及线描稿常用的工具之一。可以选用弯头钢笔或多种型号的宽头钢笔。宽头钢笔的特点是能勾画出较宽的线迹，表现不规则线和粗细线时效果很好。

图1.2

勾线笔——也叫绘图笔，笔尖有粗细之分，从0.1到0.9。勾线笔适合于表现连续、均匀、弯曲的线（图1.2）。

炭笔——包括炭画笔、炭精条等。炭笔的颜色比铅笔要重，所以在运用铅笔感到颜色深度不够时，可采用绘图炭笔、钢笔或马克笔等。但由于炭笔的黏附力不强，在绘制后，可配合使用绘画用定型液，以加强炭笔的附色牢固性（图1.3）。

图1.3

马克笔——马克笔有两种类型，一种为油性，另一种是水性。笔头的形状有尖头和斧头两种。尖头笔适合勾线，斧头型用于涂大面积色块。马克笔的颜色类型繁多，是一种非常实用和理想的设计工具。因为马克笔既可以表现线和面，又不需要调制颜色，且颜色易干，所以用马克笔作画，是各种绘制技巧中较为快捷的一种（图1.4）。

图1.4

蜡笔、油画棒——同属于油性的绘画工具，有多种颜色可以选择。在效果图中多局部使用，先用蜡笔或者油画棒画出图案，再用水粉或者水彩直接覆盖，由于其不溶于水的特性，所以可以产生意想不到的视觉效果，多用于表现镂空或花底面料（图1.5）。

图1.5

毛笔——常用白云笔（大、中、小号）、狼圭、叶筋、衣纹、花枝俏等，根据其不同的软硬度进行不同的应用。羊毫的特点是含水量大，醮色较多，一笔涂出的面积较

图1.6

大，但由于含水量太大，画出的笔触容易浑浊，不太适合于细节刻画。狼毫的特点是含水量较少，比羊毫的弹性好，适合于局部的细节刻画（图1.6）。

水粉笔——用于干画法或表现水粉效果，常用扁平头的羊毫与狼毫混合型（图1.7）。

图1.7

水彩笔——有圆头和扁头两种，可根据绘画的不同需要进行选择（图1.8）。

图1.8

尼龙笔——选择尼龙毛笔的时候，要特别注意它的质地，要软且具有弹性，切忌笔锋过硬。笔锋过硬的笔往往很难醮上颜料，在画面上容易拖起下层的颜色，使覆盖力大为降低（图1.9）。

图1.9

1.2.2 纸类

水粉纸——是针对水粉画创作的一种专用纸，它的优点是纸张较厚，有纹理，吸水力比普通纸强。 缺点是当水分比较多或颜料比较厚时，纸还是会微皱或卷起，所以画画时，纸张一定要固定好。

水彩纸——吸水性远高于一般纸（包括水粉纸），纸纹有粗细之分，纸面纤维较强壮，不易破裂、起球。水彩纸有许多种，主要分为棉质和麻质两种，麻质的厚纸适合画细致深入的主题，而棉质的则更适合画一些有渲染和晕染特殊肌理效果的作品。

素描纸——适合表现素描效果，但由于吸水性极强，容易使颜色显得灰暗，所以一般不建议画色彩。

卡纸——包括黑白卡纸和色卡，卡纸的吸水性较差，尤其是高度光滑的纸质更有排斥水分的现象，所以一般画平涂效果时不建议用卡纸。

底纹纸——有不同的底纹和颜色可以选择，纸质较厚，吸水性较强，适用于水粉、水彩、铅笔等多种工具的表现，也可以巧妙地利用其颜色和肌理表现特殊效果。

1.2.3 颜料

颜料有水彩、水粉、丙烯颜料等等。

水粉又称广告色，颜料不透明，有很强的覆盖性。水粉颜料通常湿的时候明度较低，颜色较深；干的时候明度较高，颜色较浅。水粉颜料的深浅用加白色的多少来调整，白色加得越多，颜色越浅。调配水粉颜料要控制好加水量，水量过少，笔触发涩，拉不开笔；水量过多，则色块涂不均匀。一般建议调配水粉颜料的水量不宜过多，只要运笔不涩即可。另外，水粉颜料在家水较多时也可以作为淡彩来用，但其透明性比水彩差（图1.10）。

图1.10

水彩颜料透明度高，其深浅是靠调整加水量来控制的。较多的颜色是透明或半透明的，其中以普蓝、柠檬黄、翠绿、玫瑰红等色最为透明。次之是群青、桔黄、朱红等。土红、土黄、煤黑、褐色属于不很透明，但若多加水调和，减低其浓度，也可达到透明效果。水彩颜料湿的时候和干后色彩大体一样，一般不会发生变化。但水彩画作品时

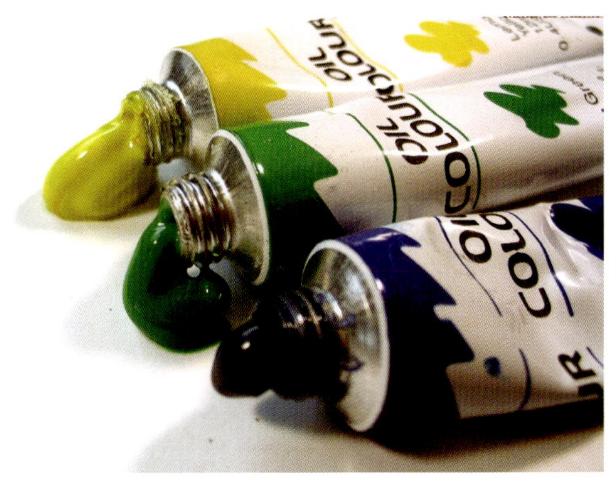

图1.11

间长，容易褪色，所以应重视作品的收藏和保护（图1.11）。

丙烯颜料出现于20世纪60年代，干燥后为柔韧薄膜，坚固耐磨、耐水、抗腐蚀、抗自然老化，不褪色，不变质脱落，画面不反光，干燥后可以冲洗。它可以一层层反复堆砌，画出厚重的感觉；也可加入粉料及适量的水，用类似水粉的画法覆盖重叠，画面层次丰富而明朗；如在颜料中加入大量的水，可以出现水彩、工笔画的效果，一层层

图1.12

烘染、推晕、透叠，效果纯净透明（图1.12）。

1.2.4 辅助工具

画效果图时除了用到以上的笔、纸和颜料之外，还会用到一些其他的辅助用具，主要包括：橡皮、尺子、笔洗、调色盒、画板、美工刀，以及胶带纸、夹子等，这主要是根据需要进行选择。一般来讲，胶带纸最好选择纸质的；画板选择4开或者是8开的。

2 服饰绘画基础表现

2.1 服饰绘画人体表现

服饰绘画的人体结构表现和纯绘画中的人体表现不同，纯绘画中的人体一般采用写实手法，而服饰绘画中的人体则是经过概括、提炼和美化的人体。因此，把握好人体中的关键点和细节是画好人物造型图的关键。

2.1.1 头部五官表现

人的头部基本上可以归结为一个鸭蛋形。面部审美中一个非常重要的标准是：是否符合三庭五眼。三庭五眼就是面部五官的布局，布局和谐了，基础美了，才会是真正的美。“三庭”指的是脸的长度比例。第一庭是指从前额发际线至眉底线；第二庭是指从眉底线至鼻底线；第三庭是指从鼻底线到下颌线。这三者的比例在平视时是基本相等的。“五眼”指脸的宽度比例。以一只眼睛的长度为单位，从左耳朵边际到右耳朵边际，均匀分成五个等份，两只眼睛之间的间距为一只眼睛的长度，两眼外侧至发际缘应是一个眼睛的宽度。当头部角度变化时，三庭五眼会随着头部的透视进行改变，而不会再是等分的了。当抬头仰视时，三庭的距离会向上逐渐缩短，呈上弧线；低头俯视时则刚好相反。五眼的距离也会随着头的左右转动而向转动的方向逐渐变短。当然，在服饰绘画中可以适当进行夸张，将眼睛的长度拉长，这样在视觉上更具美感（图2.1、图2.2）。

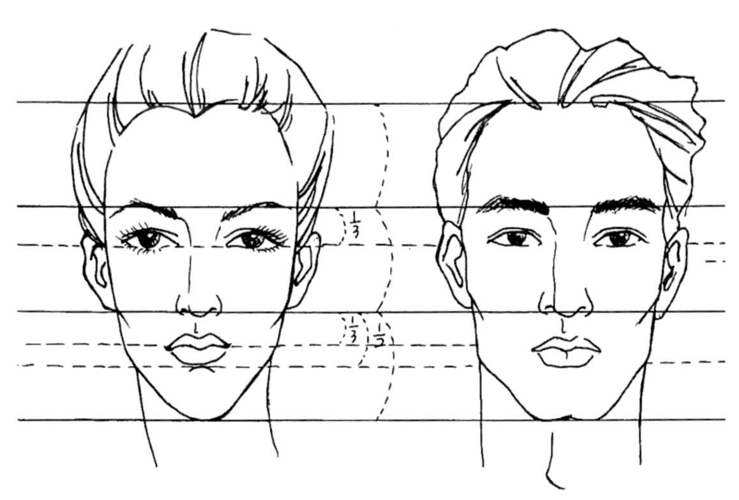

图2.1

图 2.2

2.1.2 眼睛、眉毛的表现

眼球呈球体嵌在头骨深凹的眼眶内，处于面部的中心位置，它是五官中运动最频繁的器官。两只眼睛的结构方向正好相对，这更增加了它的表现难度。眼睛由眼球、上眼睑、下眼睑、眼眶和泪阜组成。

表现眼球要特别注意它的精细变化。它的上部有上眼睑投下的阴影，下部有球体自身结构形成的暗部。虹膜是一个变化复杂的深色透明体，黑色的瞳孔上，有小而亮的高光。眼睑呈弧形，分上、下两部分包裹着眼球。上眼睑比下眼睑厚且长，位置也靠前，覆盖着眼球的大部分。眼睫毛呈放射状生长于上、下眼睑。上部的睫毛较为粗、密、长，而且能影响眼球的光照。在表现中要尽量多刻画眼部的这些结构特点，特别要注意眼球的体积和眼睑的厚度（图2.3）。

眼睑的形状与瞳孔的位置，与表现人的精神状态有很大关系，哪怕只一点小小的变动，就能造成神态的很大差异。同时，眼睛的表现不能只局限于眼睛本身，还应当包括眼部周围的形体表现。

与眼部结构关系比较大的是眉毛。眉毛包括眉头、眉峰和眉尾三大部分，是眼睛的框架。它为面部表情增加力度，对面部起到决定性的作用。

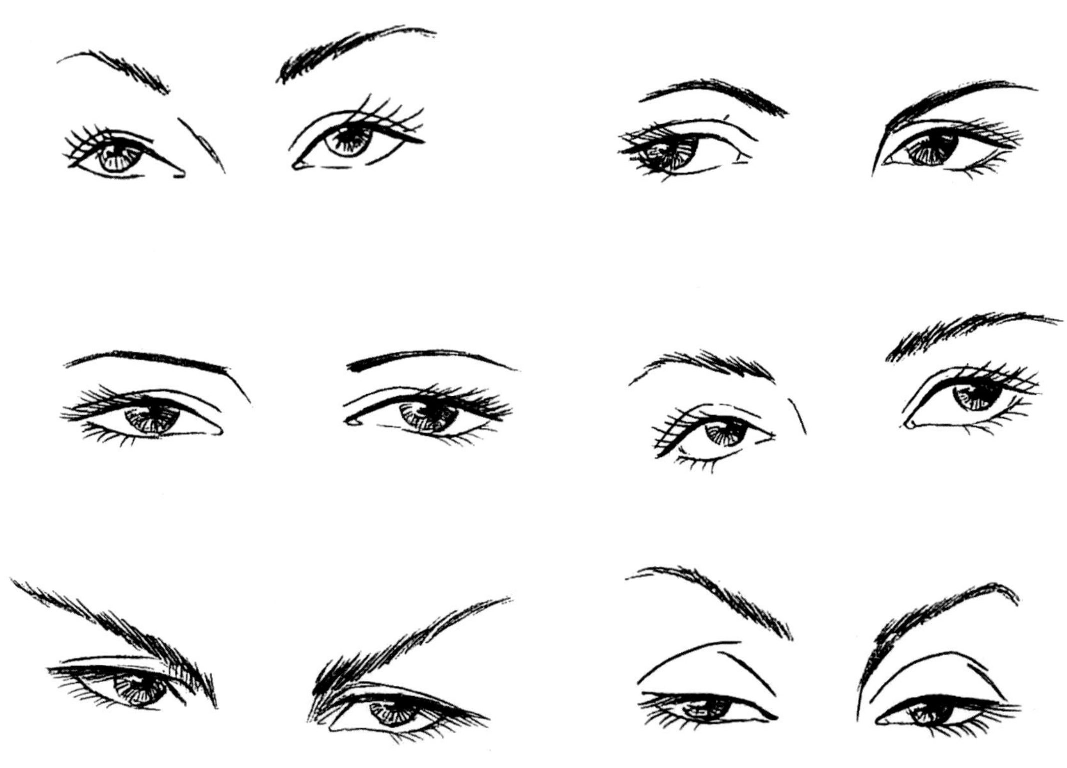

图2.3

2.1.3 耳朵、鼻子的表现

在服饰绘画中，耳部只是略略几笔，但我们应知道怎样将耳部的所有细节画出来；耳位于头部的两个侧面，形体与头部向后有20°夹角。脸部正面时，双耳显得比较远；侧面时，单耳位于头部的中间，所以对耳的了解和表现不能忽视。表现耳朵时要注意它与脸部侧面的平面关系和自身的透视缩变，还要注意耳朵各部分之间的穿插、结合。耳部的形态比较好地体现了线的流畅和由线向面自然过渡的优美造型。

鼻子位于五官的中轴线上，是脸部最富有体积感、最突出的部分。鼻子由三个部分组成：鼻梁、鼻翼和鼻孔。整个鼻子类似一个上窄下宽的梯形。它使脸部产生了较强的明暗变化。鼻子的造型因人而异，是人物形体特征的一个重要组成部分，表现时要先掌握它的整体形象特征，再进行局部刻画。刻画这一部分的手段比较灵活，既可强调明暗的作用，也可强调结构的作用；既可加强处理，又可削弱处理。

2.1.4 嘴部的表现

嘴依附于上、下颌骨及牙齿构成的半圆柱体，形体呈圆弧状。嘴部在造型上由上下唇、口线、人中和颏唇沟四部分构成。

上唇比较长，唇线比较分明，中央有一个上唇结节线将上唇一分为二。人中位于上唇结节线的上部，是鼻子与嘴之间的凹槽。这一部分的结构由凹到凸，使它的对比变化较为突出。下唇的变化比较圆滑，分别由左右两个唇结节形成两个微突点。颏唇沟位于下唇的中心下部，是突出的唇底部与下颏骨正面构成的弧形转折线。这一部分的暗部作用，使唇有抬起的感觉。口线是上、下唇闭合后形成的波状线，两端是口唇终端的嘴角。嘴部的表情肌肉是很发达的，它使口线和嘴角产生丰富的变化，是刻画人物表情的主要部位（图2.4）。在模特张嘴时我们虽然能看见她们的牙齿，但在画嘴时并不将它们一一画出，而是一笔带过。

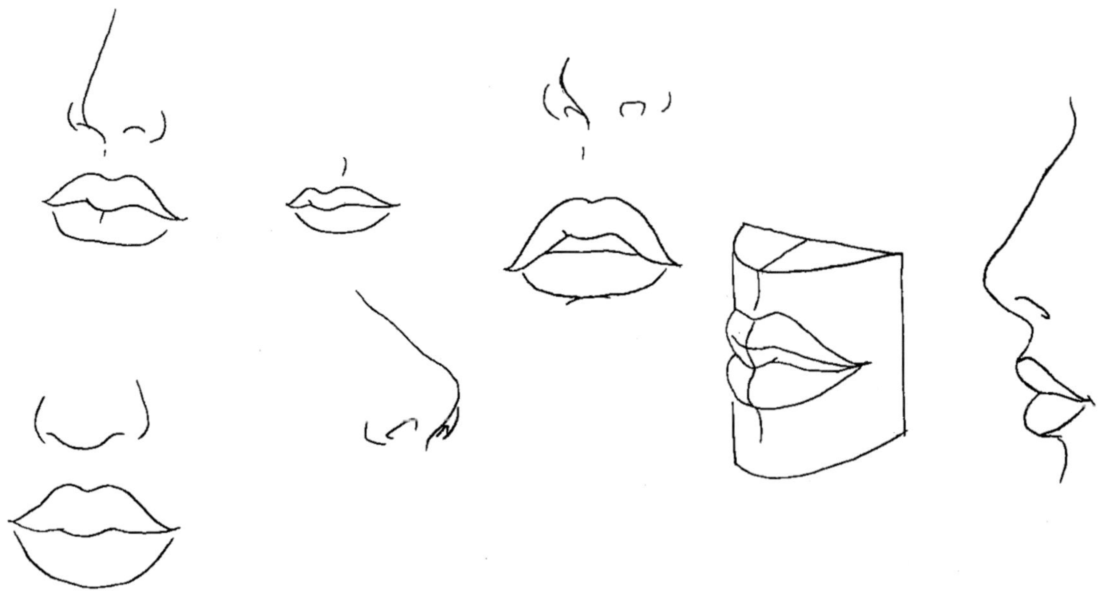

图2.4

2.1.5 发型的表现

发型在造型设计中扮演着重要的角色，不同的发型各有不同的风格，协调的发型将使造型的风格更具整体感（图2.5）。

发型的画法可分两种：一是写实画法，用铅笔仔细描绘出发丝和明暗；另一种是写意画法，只要画出发型的大轮廓，表现出柔和的意境即可。

2.1.6 颈部的表现

在服饰绘画中，脖子通常画得比正常人的要略长些，这样给人感觉更加优雅。利用脖颈轮廓线之间的相互交错就可将脖子的转动表现出来。颈部的基本形状是一个圆柱体。如果要在画中表现一件衣服的领口，那么必须表现出圆柱体的感觉。

图2.5

2.1.7 手的表现

俗语说“画人难画手”，这说明画手是比较难的，为此，应先了解手的结构。手的结构可分为腕骨、掌骨和指节骨三大部分，其长度与人脸从下巴到额发际的长度基本相等。在服饰绘画中一般会将手画得略大一点，以便与拉长的人体成正比。

在画手时，我们采用图解的方式将手的动作分解表现。将手掌概括成一个不规则的五边形，拇指、食指和小指表现力较

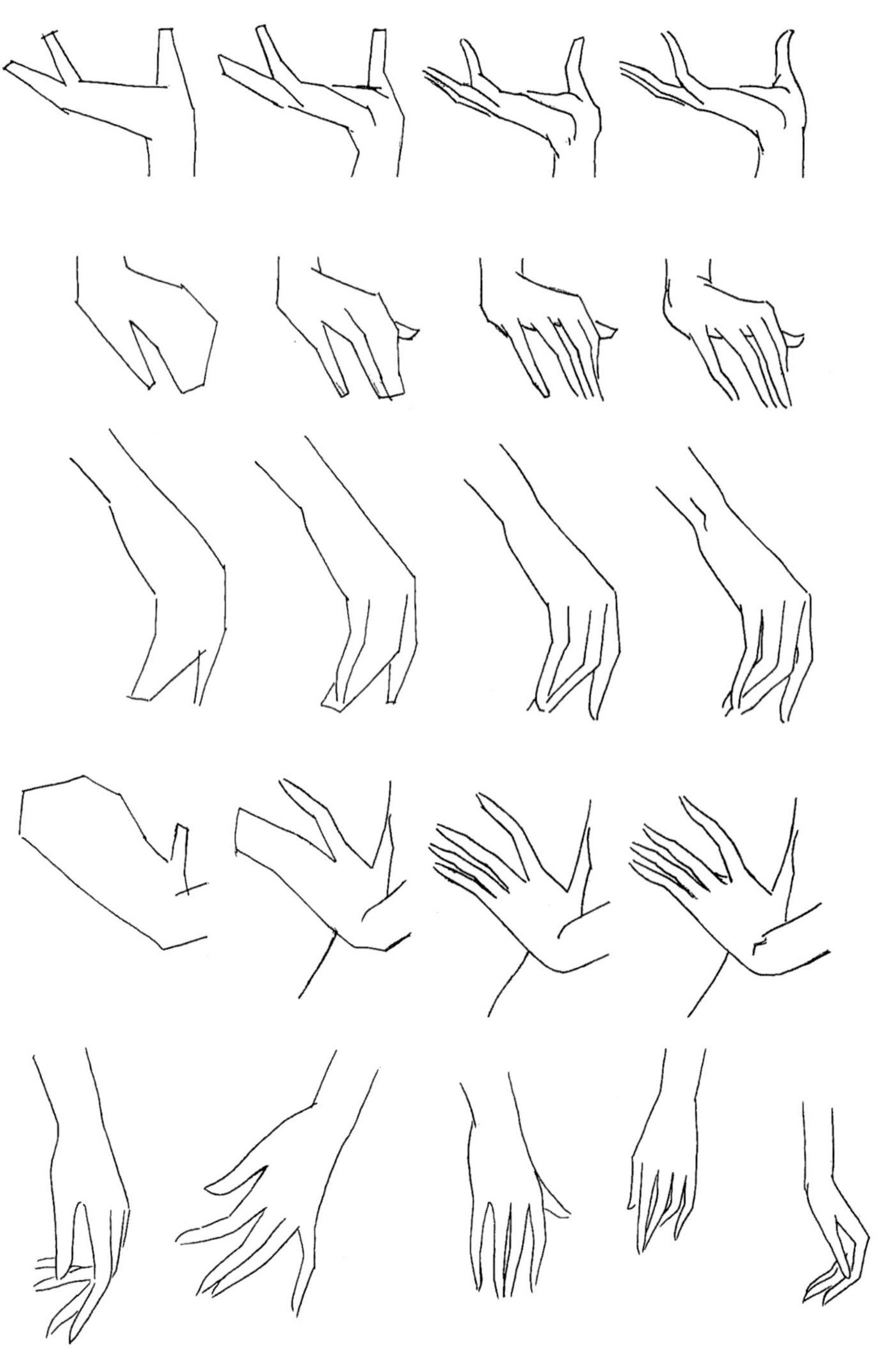

图2.6

强，所以通常会以这三个手指的特点来表现手的形态。首先确定手掌的宽度、食指和小指的位置以及手指的长度，然后将食指、中指、无名指和小指作为一个整体来表现，只有通过这种方式，才能对手部进行进一步的细节刻画，画好每一根手指。手的背面一侧应以硬线勾出，以表现骨骼的硬度，手的掌面要以软线来画，表现柔软的质感。女性的手指比较纤细，骨节不突出，指甲较长，为了表现女性的手细腻、柔软的感觉，用线要平滑。男性手掌比较宽厚，手指粗壮，关节明显，多以硬线来表现（图2.6）。

2.1.8 脚的表现

脚的外形包括：脚趾、脚背、脚心、脚弯、踝骨、脚跟等几个部分。脚的运动规律是通过脚与小腿之间所成的角度来表现的。在画时要注意观察脚、脚踝、小腿之间的关系，一般情况下，脚的内踝会高于脚的外踝。脚的外侧向脚趾的方向逐渐变薄。脚的长度接近于头的长度，在不同透视的情况下甚至于会大于头部的尺寸（图2.7）。服饰绘画中的脚最难把握的就是透视中的变形，所以把握好各种透视关系是画脚的重中之重。同时在表现脚时还要注意脚与小腿的关系，以便明确脚的方向和透视特点。

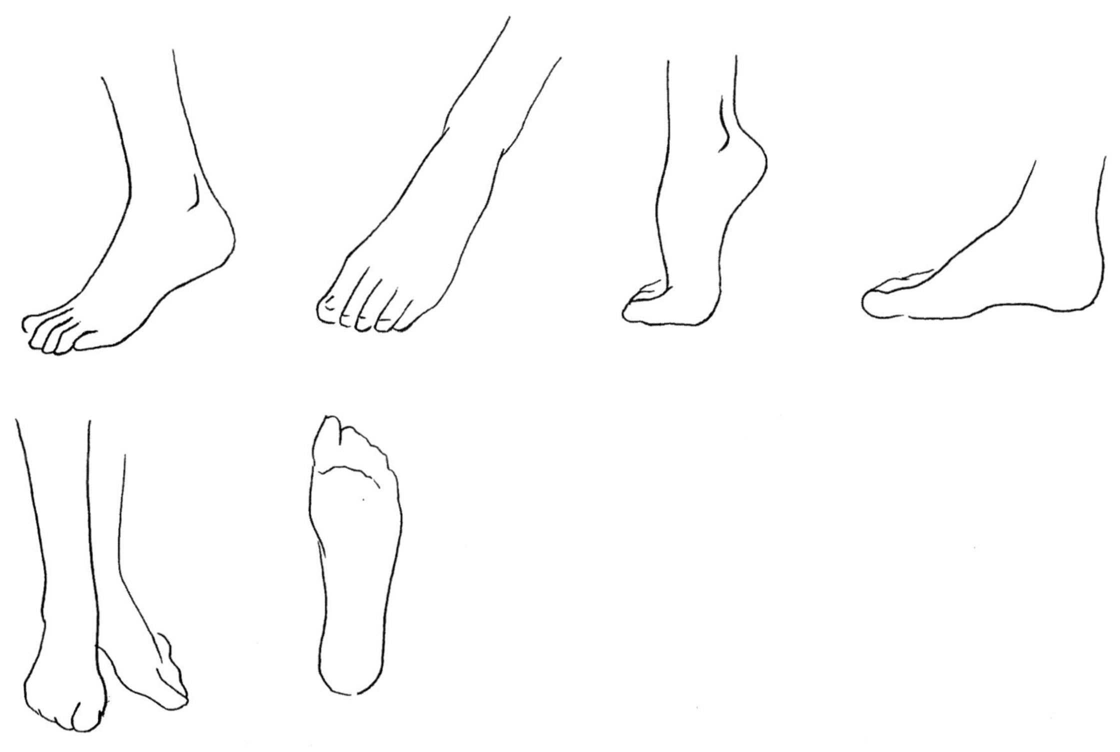

图2.7

2.1.9 不同人种、年龄的头部表现

对于不同人种、年龄，头部的表现方法是不同的（图2.8）。

图2.8

2.2 人体结构比例及各部位关系

2.2.1 人体比例关系

服饰绘画中的人体比例包括写实和服装人体比例两种。正常的人体比例通常为7.5个头长，而服装人体比例，多是8.5～9头以上的比例，加长的部分一般放在腿部，使人物显得修长。一般来说，9头比例的效果图，是较倾向写实风格的，而采用9～10头以上比例人物的效果图，或多或少都带有一定的装饰性。

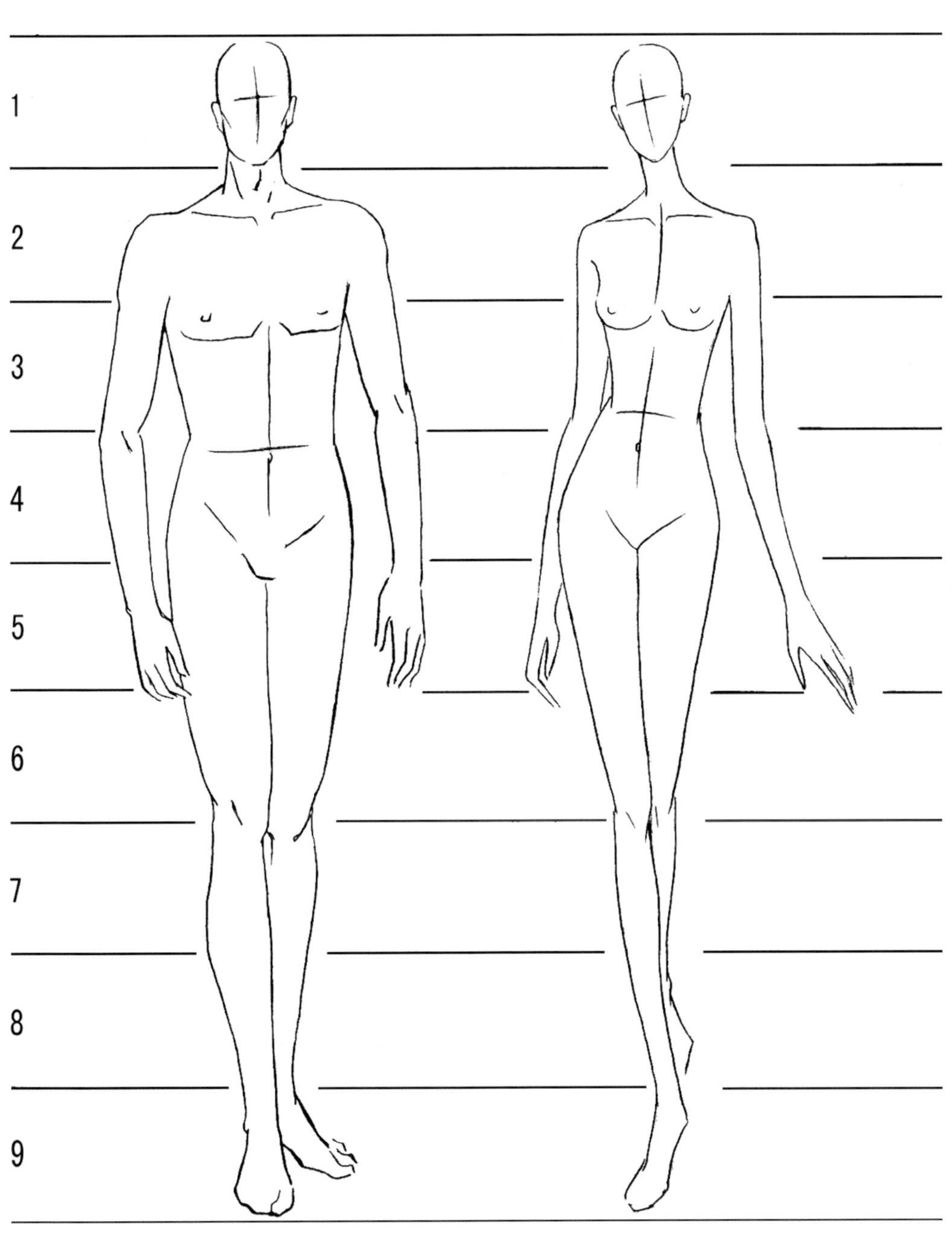

图2.9

九头长人体的具体比例如下（图2.9）：

第一个头长：从头顶到下颌底；

第二个头长：从下颌底到乳点；

第三个头长：从乳点到腰部最细处；

第四个头长：从腰部最细处到耻骨；

第五个头长：从耻骨到大腿中部；

第六个头长：从大腿中部到膝盖；

第七个头长：从膝盖到小腿中上部；

第八个头长：从小腿中上部到脚踝；

第九个头长：从脚踝到地面。

其中肩峰点在第二头长1/2 的地方。女性肩宽约1.5 个头长；腰宽约1 个头长；臀宽约等于肩宽或者比肩略宽。男性间宽约2 个头长；腰宽约1 个多头长；臀宽比肩宽要窄。另外由于性别、年龄等的不同，人体在夸张部位也相应存在差异。女性人体的夸张部位主要表现在细颈、丰胸、细腰、宽臀上，旨在表现出女性优雅的曲线美。男性人体主要突出男性的健美体魄以及清晰的轮廓，所以夸张部位主要表现在宽厚的肩膀、发达的肌肉等。儿童在不同的年龄段有着不同的比例关系。一岁身长约为 4 个头长，四岁约5 个头长，八岁约6 个头长，十二岁约7 个头长，十四岁约8 个头长。效果图中的儿童比例可以直接按照儿童实际的比例进行表现，重点是表现出儿童天真活泼的特性（图2.10、图2.11）。老年的人体比例可以根据年龄进行调整，年龄越大，所画比例可以适当缩短，以表现老年人的成熟稳重。

图2.10

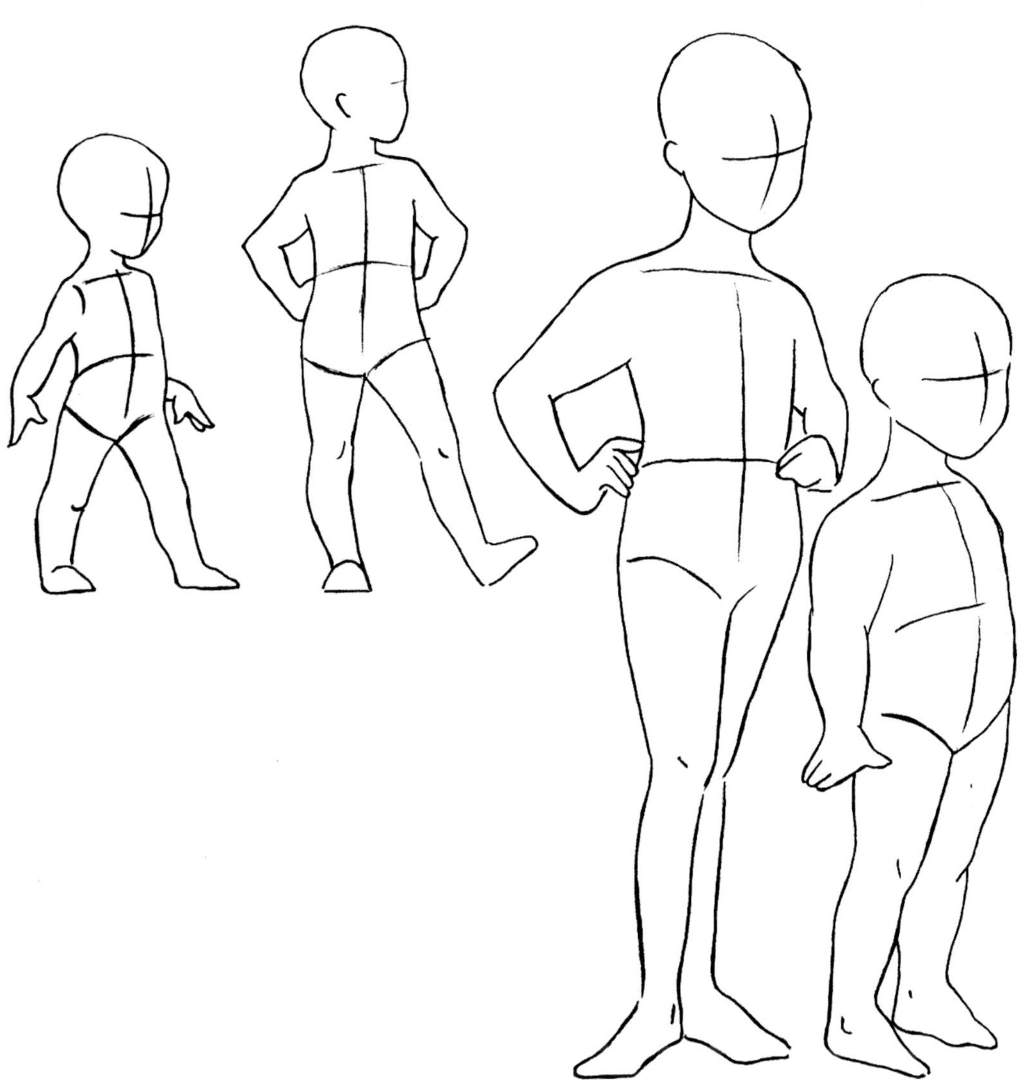

图2.11

2.2.2 服饰绘画的人物动态与表情

服饰绘画中的人物动态与表情，通常左右着效果图的某种画面气氛和造型的精神气质。选用何种人物的动态表情，需要根据服饰绘画的风格、种类、性质以及时装设计的精神等因素来考虑。

服饰绘画中的人物动态，是直接影响整体造型和画面构图的重要因素：①人物动态是服饰绘画表现的基础。合适的人物动态，可以完全展示服饰绘画的全貌和精神。②生动的人物动态，是打破呆板画面构图的手法之一。通过单个人物动态的变化，可使整体造型富有节奏韵律。③人物动态的表现，需要绘制者具有一定的人物绘画基础（图2.12~图2.16）。

图2.12

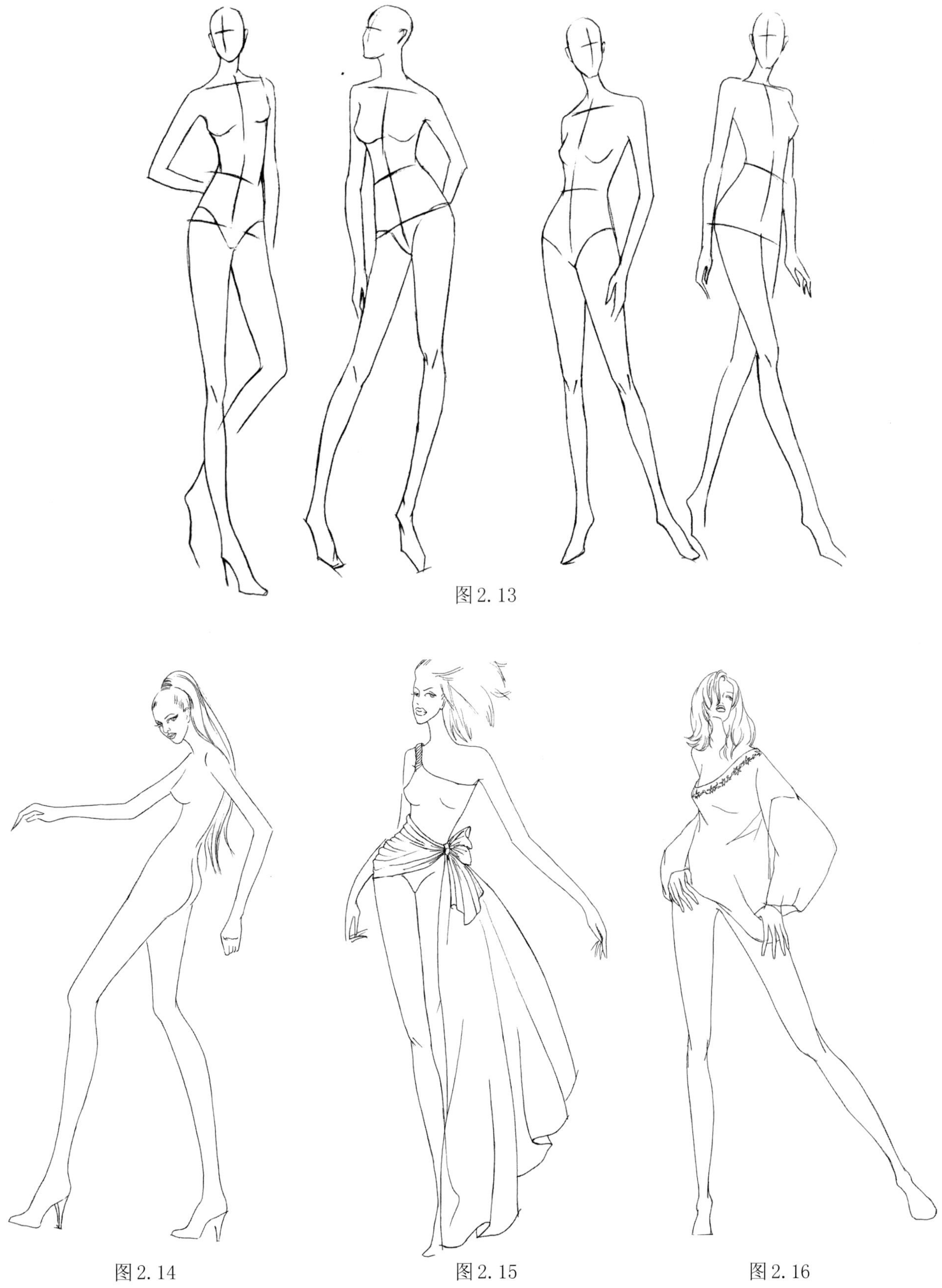

图2.13

图2.14

图2.15

图2.16

服饰绘画中的人物表情，对于加强服饰绘画的某种气氛有重要的作用。人物表情所指的不一定是人物的面部表情，它包括了面部表情在内的动态情调、着装的整体气氛，以及内在与外在的精神组合。动态表情指的是动态的一种属性，如运动时的动态、行走的姿势等。通过人物的表情，才能体现出某种气质和精神（图2.17～图2.21）。

图2.17

图2.18

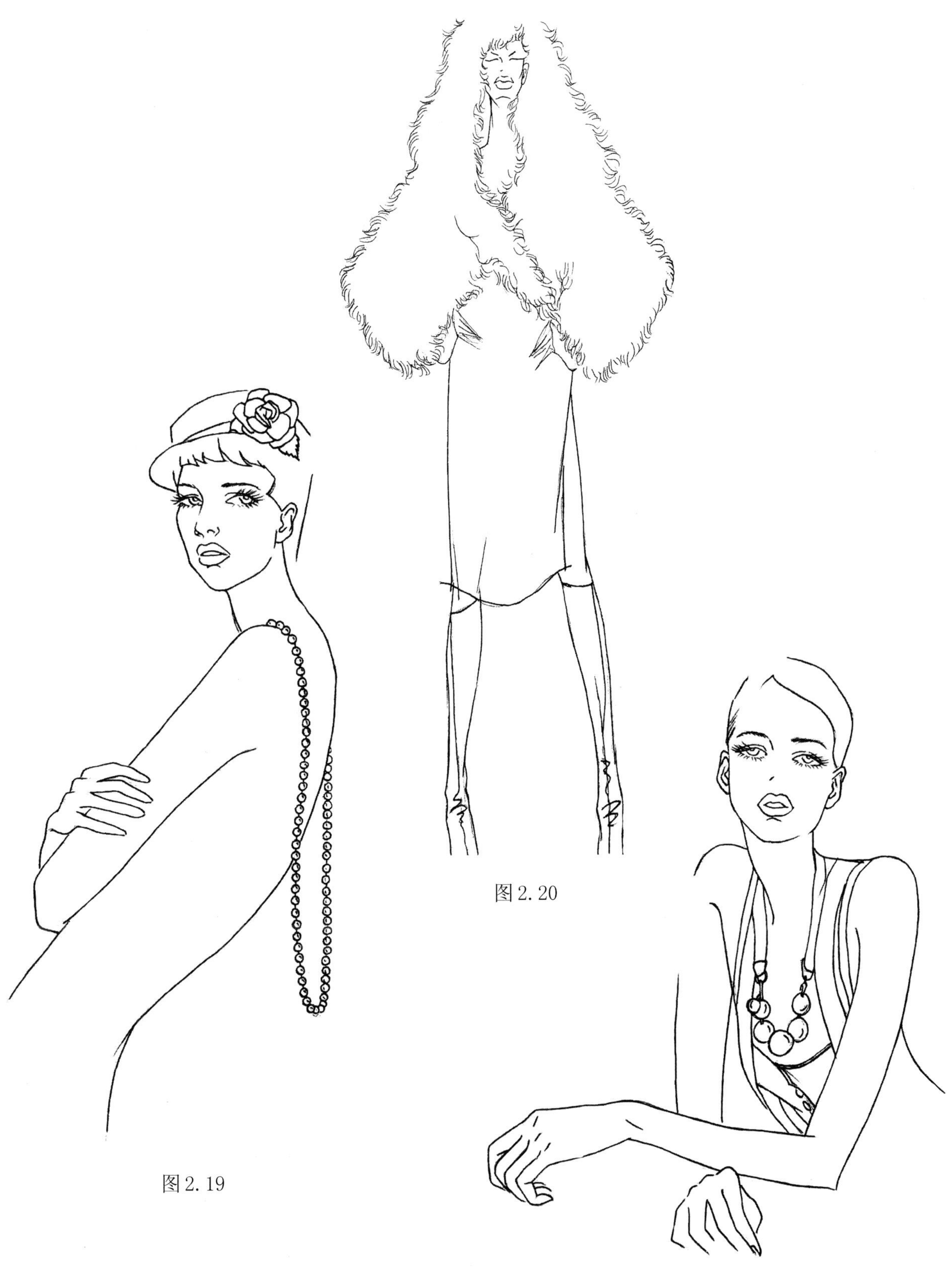

图2.20

图2.19

图2.21

2.2.3 人体姿态的训练方法

画好人体是学习服饰绘画的基础，只有在充分了解了人体各个部位在运动中的功能之后，才能画出具有动感的人物。在初学阶段可以分以下几个步骤进行（图2.22～图2.26）：

1．根据构图需要，在纸的上下方各留出3厘米左右的空白，然后将中间的部分平均分成9等分，将人体用几何图形概括地表现出来。

2．标出头部五官的辅助线，画出肩颈、腰胯部的动态线。

3．画出头发的大体形状，确定上下肢、肩颈以及胸、腰、臀的较明确的结构位置。

4．画出服装的大体式样，注意服装与人体的关系。

5．深入刻画各个细节，直至达到满意效果。

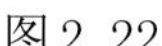

图2.22

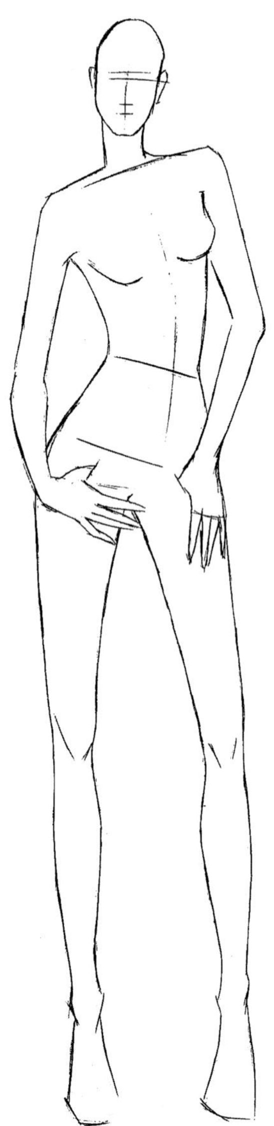

图2.23

图2.24　　图2.25　　图2.26

2.3 服饰配件表现

服饰配件是服饰绘画中不可缺少的因素，成功的造型设计一定需要各种配件的搭配，这些配件包括帽子、眼镜、鞋包、头饰、首饰以及腰饰等等，其表现形式多样、变化繁杂，所以，只有掌握其规律，才可以运用自如。

2.3.1 帽子、头饰、围巾的表现

帽子和头饰除了要表现出其形状、材质等方面，最重要的是表现出帽子和头饰与面部、头发的贴合关系，不能出现帽子或头饰悬在头顶的错误，所以在画帽子的时候要先画出头的形状和动态，然后根据头型和动态确定帽子的位置。由于帽子和头饰的种类繁多，在画时一定要根据帽子和头饰的款式和形状进行处理。

围巾是围在脖子上或包在头上的，也可以作为披肩来用，在画的时候主要注意表现围巾和脖子以及肩部的转折、缠绕关系（图2.27、图2.28）。

图2.27

图 2. 28

2.3.2 首饰、腰饰的表现

首饰和腰饰的款式一般要与整体造型风格相协调，所以在绘画的时候，一定要注意整体的主次关系（图 2.29 ~ 图 2.31）。

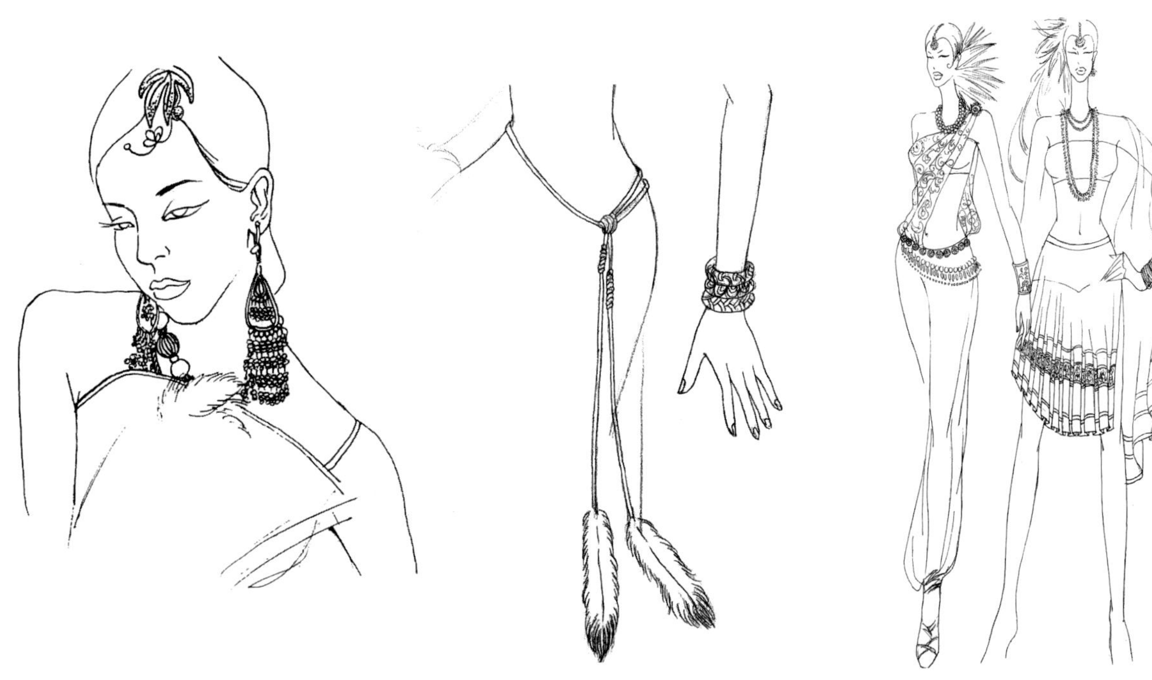

图 2. 29　　图 2. 30　　图 2. 31

2.3.3 鞋、包的表现

鞋的款式丰富多变，要注意鞋是随着脚的动作而发生角度变化的，画时要想到脚的状态。鞋的款式不同，要用不同的笔来表现其质感（图2.32、图2.33）。

图2.32

图2.33

2.4 黑白线条表现

黑白线条是最基本、最简单、最单纯、最朴素的造型语言。线条有长短、粗细、宽窄、动静、方向等空间特性。就线条本身而言，有直曲之分。直线有水平、垂直、斜向等线段；曲线有几何曲线和自由曲线。概括来讲，在服饰绘画中常用到的有匀线、粗细线和不规则线等。由于服饰面料的不同可以选择不同的线条来表现，匀线多表现轻薄的面料，如丝绸、棉织物、麻织物等；粗细线生动多变，多用来表现较为厚重的面料，如毛织物、仿毛织物等；不规则线条可以表现一些特殊的面料肌理，产生厚重的视觉效果（图2.34～图2.40）。

此外，明暗、光影的对比是形象构成的重要手段，就线条的表现特性而言，细而疏的线条常表现受光面；粗而密的线条则表现背光面和投影。这与色彩画利用色调、明度、饱和度等色彩关系的表现特点是不同的。

黑白线条同样具有表达情感的功能。如粗线的刚毅，细线的软弱，密集线条的厚重，稀疏线条的涣散，规整线条的有序整齐，自由线条的奔放热情。即使线条形态相同，也可通过线条方向、长短、疏密及位置、间隔的变化隐含情感的内涵。

图2.34

图2.35

图2.36

图2.37

图2.38

图2.39

图2.40

3 服饰绘画的色彩表现方法

3.1 淡彩表现法

淡彩画技法也称为薄画法，可分为铅笔淡彩、钢笔淡彩等，是在勾线的基础上，用水彩、水粉或透明水色在画面上轻薄晕染，这种方法快捷，易出效果，因此在效果图中最常用。尤其对初学者，淡彩画技法是效果图上色的基础（图3.1～图3.7）。

淡彩法以勾线为主，在图的主要部位简略地敷以色彩。多用水彩或水粉颜料，采用水彩画着色法绘画。勾线的工具，可以选择钢笔、铅笔、炭笔、毛笔、马克笔等。这种方法简洁明快、易于掌握且较为快捷。

晕染法是吸收中国工笔画技法特点的一种画法。采用两支毛笔交替进行，一支敷色，一支蘸清水，由深至浅均匀染色。这种技法可以用于有光泽的面料、薄料等。

重叠法在表现透明或需要加深的色彩时，可以采用色与色的逐层相加完成，以产生另一种色相、明度、纯度等不同的色彩。相加色彩的次数以纸张的承受力、颜色的覆盖力和所要表现的效果为准，可以三或四次，甚至更多。比如表现纱的效果时，可以运用重叠法，由浅至深，逐层、逐次晕染，以表现透明的效果。

图3.1

图3.2

图3.3

图3.4

图3.5

图3.6（王子涵绘）

图3.7

3.2 水粉厚表现法

水粉厚表现法的主要特点是色彩艳丽、明亮、柔润、浑厚，具有较强覆盖力，易涂、易改，可塑性很强。水粉画介于水彩画和油画之间，它既有水彩画的轻盈与流畅，也有着油画般的细腻与厚实，还能干湿结合地塑造各类形象。其表现方法有以下几种（图3.8～图3.18）：

平涂法是常用的技法之一，它采用每块颜色均匀平涂的方法，简便易学，包括平涂勾线和无线平涂两种常用方法。平涂法适合表现褶皱不多、平整服帖的面料，如牛仔、卡其布、呢料、皮革，以及繁复的服饰图案；缺点是变化少，不适合表现轻、薄、透、飘逸的服装。

图3.8

图3.9

图3.10

图3.11

厚涂法是利用水粉画粉质覆盖力强的特点，采用油画干枯、堆厚的绘画技法进行表现，也可以运用国画中的皴法表现绒面、麂皮等面料效果。

图3.12

图 3.14(王子涵绘)

图 3.13

笔触法是利用下笔的痕迹变化来表现效果，其关键在于下笔的方向一定要按照服装的衣纹、衣褶变化来确定。

图3.16

图3.15

图3.17

图3.18

3.3 多种材料及电脑表现法

3.3.1 马克笔表现法

马克笔适合表现如格子花纹、毛呢、硬挺的服装。马克笔可以与其他工具结合，先用钢笔或铅笔勾画人物，后用马克笔逐步上色，也可以直接用马克笔勾线上色。但在平涂或勾线时，应该注意充分表现马克笔的材质美感。用笔要肯定，不要过多重复涂盖。

使用马克笔画图，纸张的选择很重要，不要用吸水性过强的纸，这样会使马克笔的水分渗出影响画面。用卡纸、素描纸、图画纸等硬质地的纸较适宜。在画之前，最好用笔在废纸上试涂，看看纸的性能，为实际操作做准备（图3.19～3.25）。

图3.19(曾 蕾绘)

图3.20(曾 蕾绘)

图3.21

图3.22

图3.23

图3.24

图3.25

3.3.2 丙烯颜料表现法

丙烯颜料优于其他颜料的特征是：根据稀释程度的不同，既能作水彩，又能作水粉用，可以画出淡如水彩、浓如油画般的效果。干燥后耐水性较强，可大胆地做色彩重叠。颜色饱满、浓重、鲜润，无论怎样调和都不会有“脏”、“灰”的感觉。作品的耐久性强（图3.26～3.31）。

图3.27

图3.26

图 3. 28

图 3. 29

图 3.30

图3. 31

3.3.3 彩色铅笔表现法

彩色铅笔画具有独特的表现效果：既可以刻画入微，又可以简略概括（图3.32～图3.35）。

彩色铅笔可以勾线或平涂，它的使用方法和铅笔素描基本相似，不同的是它以颜色来表现画面，利用最简便的上色方法，表现色彩缤纷的服饰，这是彩色铅笔使用的重点。彩色铅笔画使用的纸张要选择纸面较粗糙的，如水粉纸等。

水溶性彩色铅笔使用干画法时，效果和彩色铅笔相同，加水溶解后会出现水彩画的效果，因此它是彩色铅笔与水彩笔两种功能兼备的特殊工具。使用水溶性彩色铅笔一般采用干湿结合的画法。先用水溶性彩铅画出颜色，再用毛笔沾水加以晕染，使画面出现干湿相融的丰富效果。用水溶性彩铅笔画图时，最好选用水粉纸或素描纸等纸面颗粒适中的纸，毛笔选择国画白云笔或水彩笔。

另外，彩色铅笔与水粉、水彩结合使用，可以很好地刻画出造型中的诸多细节，是造型图中较为常用的一种表现方法。

图3.32

图3.33

图3.34

图3.35

3.3.4 拼贴表现法

拼贴法是利用生活中具体的材料如废旧画报、色纸和布料等，通过剪裁和粘贴的技法来表现。表现方式有拼接勾线法和直接剪贴法两种，按造型需要选择相应的材料进行拼接、粘贴，它可以直观地表现出造型中面料运用的整体效果（图3.36～图3.39）。

图3.36

图3.37

图3.38

图3.39

3.3.5 阻染表现法

阻染法是利用颜料中油性颜料（油画棒、蜡笔、油性马克笔等）与水性颜料（水粉色、水彩色、水溶性彩铅等）相互不溶的特性，以油性颜料作纹理，水性颜料附着其上，而产生两种颜料的分离效果。这种方法多用于深底浅色面料的处理，如蓝印花布、蜡染面料以及镂空面料等，也可以表现面料的肌理效果，如表现粗纺毛料等（图3.40）。

图3.40

3.3.6 综合表现法

在一幅作品中，将两种或几种技法综合使用，这样不仅能表现出特有的整体效果，同时也丰富了表现形式和艺术语言，以使作品的独特内涵被完美展现（图3.41～图3.45）。

图3.41

图3.42

图 3. 43

图3.44（曾　蕾绘）

图3.45

3.3.7 计算机表现法

计算机辅助绘画是一门新兴的表现技法，主要采用的软件有Painter、Photoshop、CorelDRAW 等。计算机辅助绘画的方法有两种，一种是在相关软件的“工具箱”选择勾线的工具，直接在屏幕上准确地勾画出人物的造型；另一种是把设计图输入计算机，然后通过计算机上色。两种方法都必须在勾线的基础上选择需要的色彩和不同的表现技法，如：涂抹、喷画、渐变等，逐步达到满意的效果（图3.46、图3.47）。

图3.47

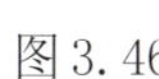

图3.46

3.3.8 服饰绘画的方法与步骤

示范一：

步骤 1：先用直线条找出大体轮廓（图 3.48）。

步骤 2：用铅笔画出细节（图 3.49）。

步骤 3：用大号的水彩笔画出背景（图 3.50）。

步骤 4：用油画棒细心地画出服装的肌理和图案，用水彩画出皮肤颜色（图 3.51）。

步骤 5：上色并刻画明暗关系及细节（图 3.52）。

图 3.48

图 3.49

图 3.50

图 3.51

图 3.52

示范二：
步骤1：用铅笔起好轮廓（图3.53）。
步骤2：画好背景色和大底色（图3.54）。
步骤3：表现具体的服装色彩和明暗关系（图3.55）。
步骤4：刻画细节（图3.56）。

图3.53

图3.54

图3.55

图3.56

示范三：

步骤 1：起好铅笔稿子（图 3.57）。

步骤 2：用大号水彩笔铺好大的色彩关系（图 3.58）。

步骤 3：找出人物和服装、服饰的明暗关系（图 3.59）。

步骤 4：画好背景，并用炭笔刻画肌理效果（图 3.60）。

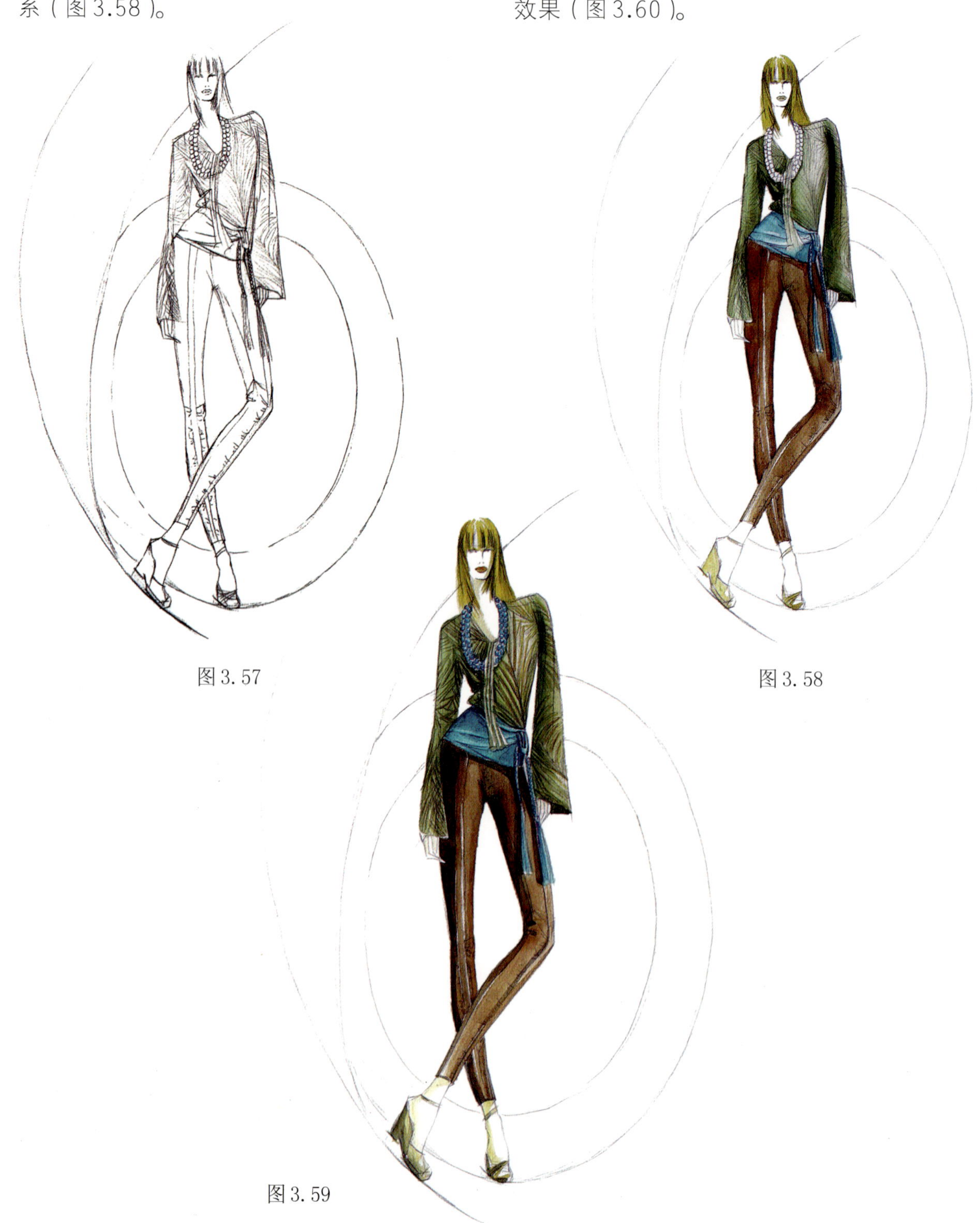

图 3.57

图 3.58

图 3.59

图3.60

示范四：

步骤1：找出大的色彩关系（图3.61）。

步骤2：进一步刻画整体的明暗关系（图3.62）。

步骤3：用小号笔刻画细节（图3.63）。

图3.61

图3.62

图3.63

3.3.9 手绘图中常见的问题

手绘图中常见的问题包括以下几点：

1．图上的颜色不均匀，造成这种现象的主要原因是绘画时下笔时轻时重，或者颜料太稠，所以在绘画时，颜料要加入适量的水调匀，下笔时应保持力度一致，这样就可以避免这个问题的出现了。

2．勾线时线条时粗时细，这主要是勾线时力度掌握得不好所致，所以在勾线时应尽量保持力度一致。而线条时断时续，是颜料太干造成的，应该加入适量的水进行调和。

3．画面干后手感硬，造成这种现象有两种可能：一是颜料太稠，以致画面上颜料太厚，这种情况要加清水调和。二是在同一个地方多次重复涂颜料。

另外还要注意，在画错线条或涂错颜色时，如果是采用薄画法的话，可以直接用清水进行擦拭，然后再画其他颜色；但如果是厚画法，就不要急于用水擦拭，也不能马上拿去洗涤，这样不但不能起作用，反而会适得其反。如果画错了线条，可以在颜料干后先用白色颜料覆盖，白色颜料干后再补涂上正确的线条。

4　服饰绘画面料质感及风格表现

4.1　不同种类面料的表现方法

面料的分类，可以大致归纳为以下几种：轻薄面料、厚重面料（包括中等厚度）、毛绒面料、透明面料、反光面料、镂空面料、针织面料以及一些特殊材质的面料。运用各种技法，可以在画中得到特定面料表现的相对准确性和艺术气氛。

4.1.1　轻薄、透明面料的表现

轻薄面料是指具有柔软、飘逸、顺滑、通透特点的薄型面料，如丝绸、乔其纱和雪纺等。其特征是飘逸、轻薄，易产生碎褶。在表现薄料时，用线要轻松、自然，使用较细而平滑的线，线条均匀流畅，不宜使用粗而阔的线。以淡彩的形式可以较好地表现薄质面料，简洁的色彩薄薄地透出底色，或者运用晕染法、喷绘法，都易表现出薄、透、飘的感觉。轻薄面料的碎褶在表现时，要注重衣褶的随意性和生动性，按照其光影关系有虚实地着重刻画。表现轻薄面料大面积的起伏，可以使用大笔触进行处理。

透明面料包括塑料、纱等。表现透明面料时可以综合运用重叠法、晕染法或喷绘法，同时要抓住透明面料的特点，如当透明的纱与塑料覆盖在比它们的色彩明度低的物体上时，被覆盖物体的颜色会变得较浅；反之，被覆盖物体的颜色便会变深。塑料具有较高的透明感和较强的反光性等特点，所以在表现时一定要强调出它的硬度感。纱容易产生自然的皱褶，在处理时，要加强层次的丰富感（图4.1～图4.4）。

图4.1（谢丽华绘）

图4.2

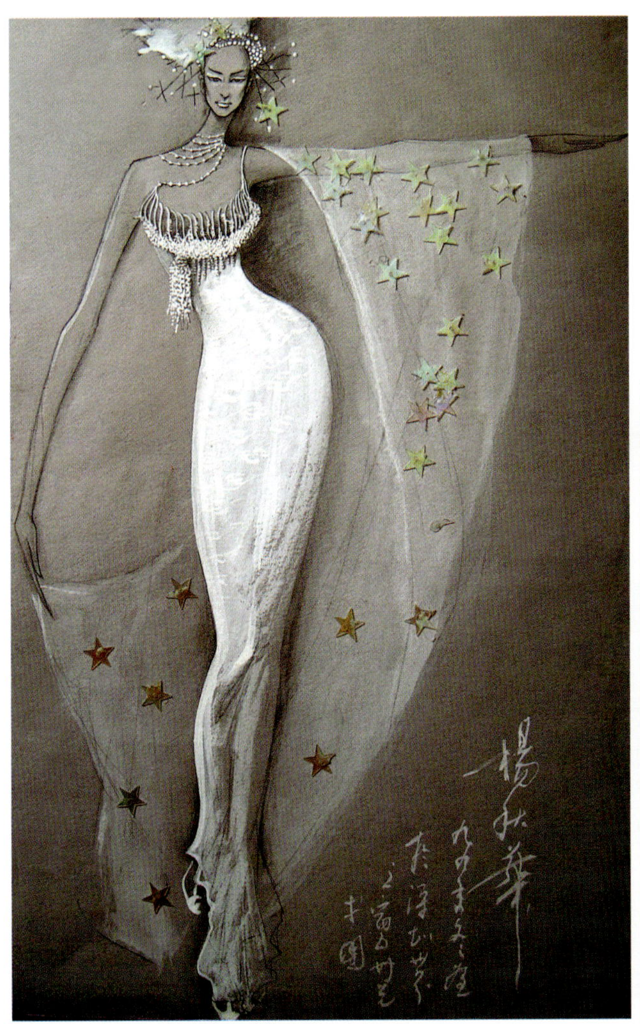

图4.3

图4.4

4.1.2 厚重面料的表现

厚重面料通常指秋冬季服装常用的毛、呢、绒制品等。其特点为手感丰满，表面茸毛丰富，体积笨重等，所以厚重面料宜采用粗犷、挺括的线条来表现。经常采用的方法包括平涂法、干画法、叠加法、拓印法等。如毛呢的反光性较弱，可利用平涂、摩擦等方法来表现出这种感觉。而粗花呢，可采用洒色法、拓印法等表现粗花呢的花纹。牛仔布可用摩擦法和拓印法，来表现牛仔布的纹理（图4.5～图4.10）。

图4.6

图4.5

图4.7

图 4.8（周　莹绘）

图 4.9

图 4.10（王子涵绘）

4.1.3 皮草、毛绒面料的表现

皮草、毛绒面料常用于冬装，具有突出的保暖性能和华丽或野性的外观效果，包括裘皮面料、羽毛面料、绒布面料等（图4.11、图4.12）。

图4.11

裘皮面料具有蓬松毛茸、体积感强等特点。长毛狐皮面料还具有一定的层次感、厚度感和独特的塑性能力。表现裘皮可以用“整齐撇丝”和“散乱撇丝”的表现方法，先上深色，然后顺着裘皮的纹理一步步逐层提亮。绒布面料的绒毛较短，可以运用摩擦法来表现，但在处理边缘时，要表现出起毛和虚化的感觉。羽毛的层次感强，其表现步骤与表现裘皮面料的步骤相似，但是表现羽毛不能采用撇丝法，而应该用较大的笔触，一层层地画出羽毛的形状。

图4.12

4.1.4 针织、镂空类面料的表现

针织面料要把编织的表面纹理作为表现的重点，或者适当夸张面料的针织纹理效果。其面料特点：伸缩性强，质地柔软，吸水及透气性能好等。由于针织面料的种类不同，其表现方法也不同。可以使用彩色铅笔，油画棒等工具，而技法可采用摩擦法、勾线平涂法等（图4.13～图4.15）。

镂空类面料包括蕾丝、勾织等，镂空面料在表现时可以运用阻染法，具体方法是将油性颜料（如白色油画棒）按需要事先绘制图案，然后，将水性的颜料覆盖于图案之上，两种不同性质的颜料会产生自然分离的效果，以此产生镂空面料的感觉；另外还可以在深色彩色底纹纸上通过用浅色颜料细致勾线进行表现。另外在表现时还经常采用干画法、叠加法等。

图4.13

图4.14

图4.15

4.1.5 反光面料的表现

反光面料包括皮革、仿皮革以及特种反光材料等，表现时采用写实的方法处理，注重面料的细部变化，将转折、皱褶进行深入刻画，表现出反光面料丰富的层次。另一种较为简单的方法是采用平涂法，将面料归纳为几个层次，重点表现面料的受光面、灰调面、暗面，将灰面与受光面的明度差距加大，产生对比后的光感，受光面一般可以直接采用白色处理，着重表现面料大的转折、皱褶的光感和明暗对比（图4.16、图4.17）。

图4.16

图4.17

4.1.6 面料图案的表现

面料图案是指时装面料上的各种形式的纹样，其特点是要把服装上的花纹和图案作为重点表现对象。面料图案的内容多，形式各异，但也有共同的特点，即图案的布局及其表现手法具有一定的规律，绘制图案时一定要注意这种规律性，概括、简明地抓住图案主题的构成形式和格局特点进行强化处理（图4.18～图4.22）。

图4.19

图4.18

图4.20

图4.21

图4.22

4.2 服饰绘画的风格表现

风格即风度、品格，体现创作中的艺术特色和个性，是共性与个性的统一，它有鲜明的个性特征，也有共性内容，是设计作品内容与形式上的统一，在整体设计中呈现出来的独特的艺术特征。

4.2.1 简约风格

简约风格最典型的特点是生动。其作品目的明确，中心突出，在绘制中把握对象的主要特征，大量使用简化手法提炼出最能表现设计主题的重要线条或色块，完成对设计对象的直接阐述。因其快捷方便的优点，实际使用非常广泛（图4.23~图4.29）。

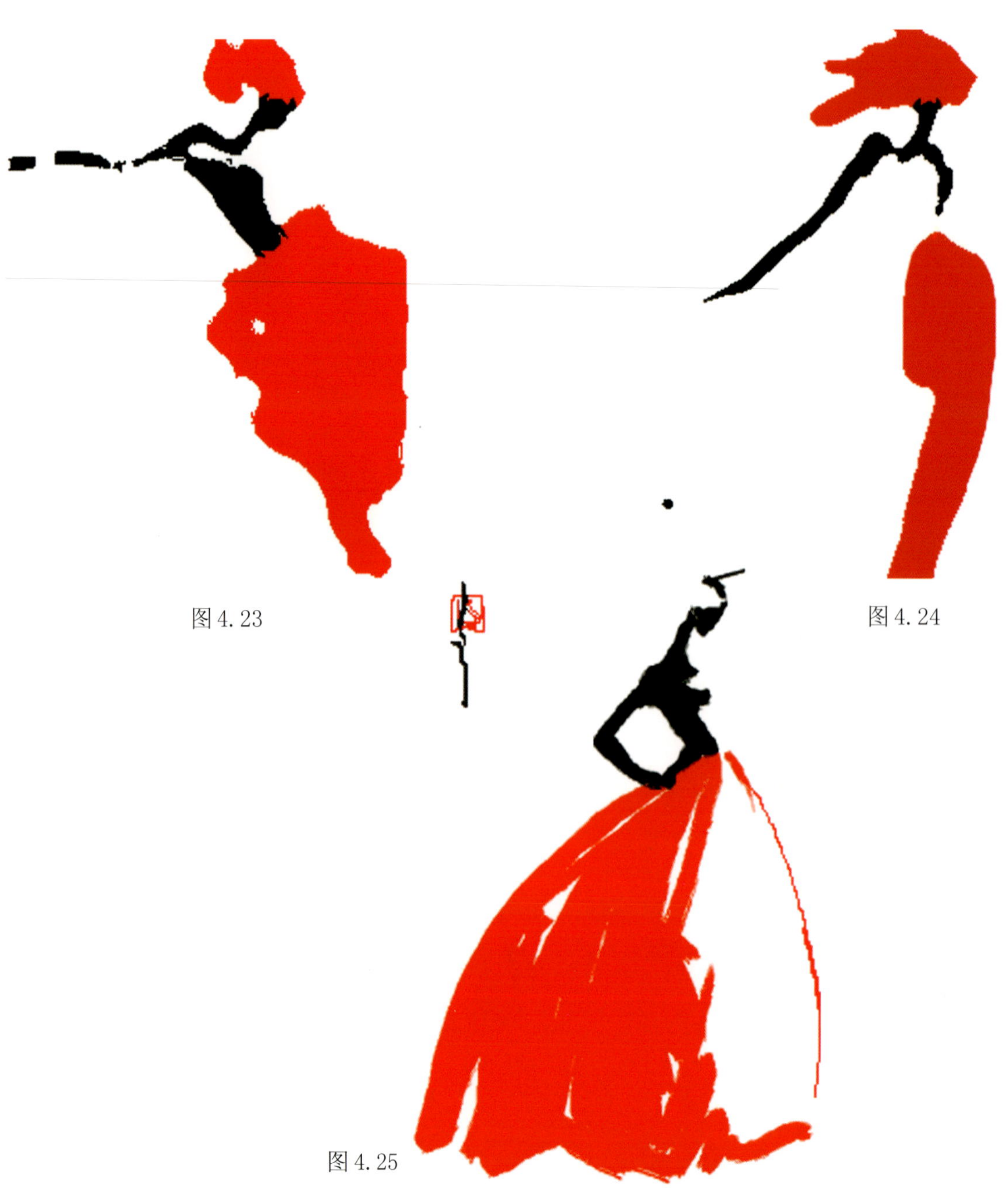

图4.23

图4.24

图4.25

图4.26

图4.27

图4.28

图4.29

4.2.2 写实风格

写实风格画面真实感强，影调过渡自然，素描关系明确。写实风格最典型的特点是逼真，充满理想主义的完美，详细刻画服饰以及相关的细节特征，甚至微小的结构变化和光影变化都精细刻画。但值得注意的是，即使是写实的造型图，其人物的比例也是夸张的，一般会采用八头半或九头身的高度进行绘制（图4.30～图4.35）。

图4.30（周　莹绘）

图 4.31

图4.32

图4.33（周　莹绘）

图4.34

图4.35（王子涵绘）

4.2.3 装饰风格

装饰风格重在表现装饰美和形式美，多以平涂勾线或渲染等图案制作手法进行表现。装饰风格的最大特点是平面化，上色层次均匀、单一，即使为了表现变化，也多使用渐变等图案手法，达到秩序的美感。装饰风格的服饰绘画所采用的工具和材料没有任何限制，因此表现力相当丰富；但由于装饰风格会运用到大量的色块与色块之间的对比关系，所以要求设计者对色彩有极强的敏感度，只有这样才可以做到把握有度、挥洒自如（图4.36～图4.39）。

图4.37

图4.36

图4.38

图4.39

4.2.4 夸张风格

夸张风格的特点是夸张变形力度大，艺术性强，使特征鲜明、突出、动人。主要手法是借助想象，对对象的某个方面进行相当明显的夸大，以加深或扩大这些特征的认识，赋予作品一种新奇与变化的情趣。文学家高尔基说："夸张是创作的基本原则。"通过这种手法能更鲜明地强调或揭示事物的本质，加强设计作品的艺术效果。

夸张风格的表现手法是利用素材特点，通过设计艺术的夸张手法使原有的形态变化，达到一种形式美的效果，制造出强烈的视觉张力。但是，在设计中并不能无限度地夸张，还应该注意它的合理性。首先要符合人的心态效果，其次要在原有素材的基础上，夸张变化出更新颖和丰富的效果（图4.40～图4.44）。

图4.40（曾 蕾绘）

图4.41

图4.42

图4.43

图4.44

4.2.5 另类风格

另类的风格特点是离经叛道、变化万端、无从捉摸而又不拘一格。它超出通常的审美标准，多以变形的手法突出个性，不惜放弃对服装和人物的合理描绘，追求怪异的、突破常规的视觉效果。另类风格，多用夸张及卡通的手法，或标新立异，或造型怪异，或诙谐幽默，表现出对现代文明的嘲讽和对传统文化的挑战（图 4.45～图 4.47）。

图 4.45

图 4.46

图 4.47（曾　蕾绘）

5　服饰绘画的应用

5.1 戏剧类造型

戏剧是综合艺术，人物造型设计是其中一个不可分割的组成部分。这里所说的造型包括电影、电视和舞台人物造型，但不管是哪一类的戏剧演出，对人物造型来讲都有着共同的约束性，那就是剧本是前提，导演是主导，表演是归宿。

利用服饰绘画这一手段表现戏剧人物造型时，除了要熟练应用前面所讲的各种技法之外，还必须通过发型、妆型、服饰、体态等表象的事物来反映这个形象内在的东西。设计中除了要明确年龄、身份、民族、职业、个性、时代特征等一般要求外，还要适应戏剧的主题、动作、矛盾、规定情境、艺术风格等。只有抓住了以上特点才会设计出既符合剧情又具有鲜明人物特征的戏剧人物造型（图5.1～图5.11）。

图5.1

图5.2

图5.3

图5.4

图 5.5

图 5.6

图 5.7

图 5.9

图 5.8

图5.10

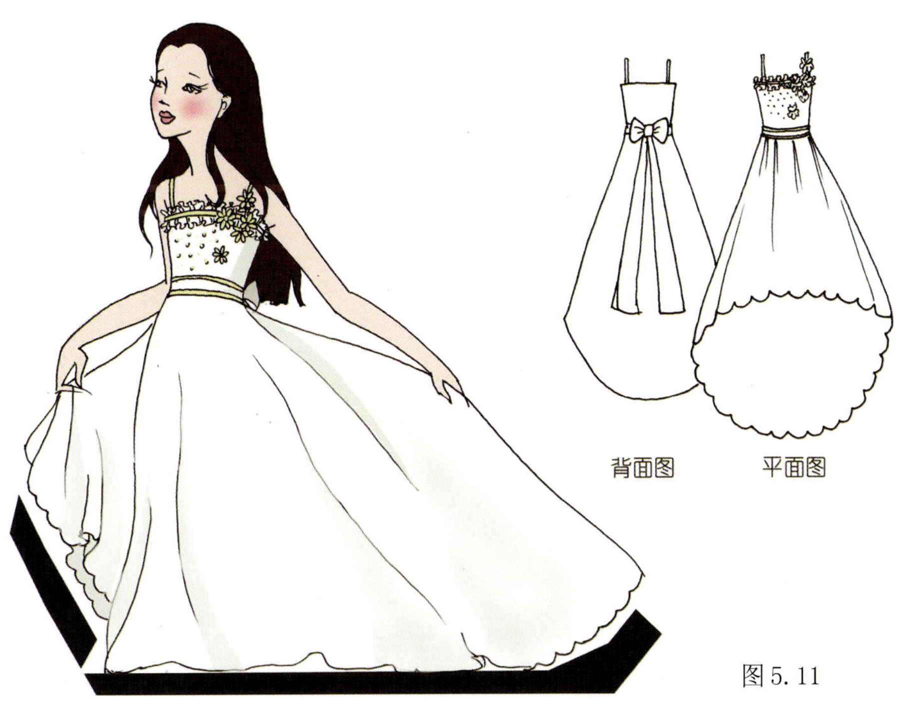

图5.11

5.2 歌舞类造型

歌舞类造型包括观赏型和实用型两种。其中实用型造型中包括舞蹈造型、杂技造型等，舞蹈和杂技都是人体动作的艺术，是一种综合空间性、时间性的动态造型艺术，所以要求有既符合舞蹈特性又具有相当美感的特定造型。观赏型造型包括以展示为主要功能的造型和配合歌唱的、动作幅度相对较小的演唱造型。这类造型可以不用顾虑演出者的动作要求，任意发挥想象力。歌舞类造型可以夸张也可以写实，最重要的是展现出歌舞本身的种类、样式和风格等特色，同时还必须具有一定的创意性和新颖性，以及相当的视觉冲击力（图5.12～图5.20）。

图5.12

图5.13

图 5.14

图 5.15

图5.16

图5.17

图5.18

图 5.20

图 5.19

5.3 戏曲类造型

中国的民族戏曲历史悠久，剧种繁多，运用歌舞形式表现生活是中国戏曲的主要手段。为了适应剧情和表演的需要，中国戏曲的各种角色均依照不同类型人物的年龄、性别、身份与性格特征，从脸谱、服装、唱腔等诸多方面进行划分，高度概括为生、旦、净、丑等四类，不同的剧中人物有着严格的脸谱区别。中国戏曲人物造型具备了装饰性、可舞性和程式性的艺术特点（图5.21～图5.24）。

图5.21

图5.23

图5.22

图5.24

参考文献

[1] 刘元风，吴波.服装效果图技法[M].武汉：湖北美术出版社，2001.
[2] 刘兴邦.现代时装画艺术表现[M].福州：福建美术出版社，2008.
[3] 钱欣，边菲.服装画技法[M].上海：东华大学出版社，2007.
[4] 庞绮.时装画表现技法[M].南昌：江西美术出版社，2004.
[5] 熊谷小次郎.图解新时尚[M].天津：天津人民美术出版社，2001.
[6] 蔡凌霄，陈闻.时装画快速表现技法[M].南昌：江西美术出版社，2005.
[7] 邹海岚.时装画技法[M].上海：上海书店出版社，2001.
[8] 许恩源.时装画技法入门[M].南京：东南大学出版社，2002.